TEAM GABON

La cuisine de MINA ne s’éteindra jamais

TEAM GABON

La cuisine de MINA ne s'éteindra jamais

Éditions Vie

Imprint

Cover image: www.ingimage.com

Publisher:
Éditions Vie
is a trademark of
Dodo Books Indian Ocean Ltd. and OmniScriptum S.R.L publishing group

120 High Road, East Finchley, London, N2 9ED, United Kingdom
Str. Armeneasca 28/1, office 1, Chisinau MD-2012, Republic of Moldova, Europe
Printed at: see last page
ISBN: 978-613-9-59175-6

cuisine gabonaise et du monde

La cuisine de MINA ne s'éteindra jamais

par TEAM GABON

Sommaire

Cuisine gabonaise

Viandes

Poissons

Cuisine gabonaise

POULET AU NYEMBWÉ À LA GABONAISE ACCOMPAGNÉ D'UN RIZ BASMATI

Ingrédients pour 6 personnes:

1 poulet frais, découpé
400 grammes de sauce graine
huile de palme
2 oignons émincés
2 ails
Sel

MÉTHODE:

Préparation du poulet au nyembwé :

Faire chauffer la sauce graine dans une marmite.
Lorsque la sauce s'épaissit, ajoutez les oignons, l'ail et les morceaux de poulet.
Ajoutez un verre d'eau, du sel et les feuilles de laurier.
Laissez cuire pendant environ 40 minutes.
En fin de cuisson, rectifier l'assaisonnement.

Préparation du riz basmati :

Rincez le riz basmati sous l'eau froide jusqu'à ce que l'eau soit claire.
Dans vôtre cuit-vapeur, remplissez le réservoir d'eau au maximum.
Placez le riz dans le panier à vapeur. Salez légèrement, couvrez et faites cuire pendant 45 mn.

Accompagnement conseillé : du gari, des bananes plantains, des taros, tubercule de manioc et du riz basmati.

Vins conseillés : Châteauneuf-du-Pape, Gigondas, Saint-Emilion, Haut-Médoc

QUEUE DE BŒUF À L'ODIKA

L'Odika, également appelé chocolat indigène, est une sauce à base de fruit d'acacia.

Ingrédients pour 8 personnes:

2 kilogrammes de queue de bœuf
de l'odika rapé
1 oignon
1 gousse d'ail
du Maggi (ou 1 bouillon)
1 piment
Huile d'arachide

MÉTHODE:

Couper finement l'oignon et l'ail et le faire revenir dans l'huile d'arachide, puis verser l'odika râpé dans la marmite et le laisser cuire durant 3 minutes tout en remuant.
Rajouter de l'eau, puis le Maggi, un peu de sel et les queues de bœuf.
Remuer et refermer le couvercle de la marmite.
Laisser mijoter pendant 20 minutes.
Lorsque la sauce s'est bien épaissie, rectifier l'assaisonnement si nécessaire.

Accompagnements conseillés : du riz basmati, des bananes plantains, du manioc, du gari, des taros.

Vins conseillés : Gigondas, Côtes-du-Rhône, Cahors, Crozes-Hermitage.

GRAINE DE COURGE AFRICAINE ET COLIN D'ALASKA (NGONDO)

Ingrédients pour 6 personnes:

500 grammes de graine de courge
1 colin d'Alaska
1 demi cuillère d'huile de piment
1 goutte de Maggi en bouteille
1 petite échalote hachée.

MÉTHODE:

Mixez les graines de courge dans le robot mixeur.
Mélangez le poisson, l'échalote, les graines de courge mixée.
Ajoutez-y une goutte de Maggi en bouteille et une demi-cuillère d'huile de piment.
Vous obtenez une pâte lisse comme un gâteau.
Prenez du papier aluminium, refermez entièrement et fermement.
Mettre la préparation dans un autocuiseur et laissez cuire 1 heure.
Retirez la préparation et laissez la sécher pendant 20 minutes.

Préparation : 30 minutes

Cuisson : 1 heure 30

Conseil : les graines de courge africaine peuvent être servi en entrée.

SAKA SAKA AU POULET FERMIER, ACCOMPAGNÉ D'UN PLAT DE RIZ, DE GARI ET DE BANANES PLANTAINS

Le Saka Saka est un plat africain à base de feuille de maniocs pilés puis bouillies.

Ingrédients pour 6 personnes:

1 poulet fermier
huile d'arachide
1 oignon
1 boite de sauce graine (ex TROFAI)
3 cuillères à soupe de pâte d'arachide
300 grammes de saka saka

MÉTHODE:

Coupez le poulet fermier en morceaux.
Faire bouillir le contenu de la boîte de sauce graine durant une dizaine de minutes.
Ajoutez le saka saka et laissez bouillir durant 10 minutes supplémentaires.
Ensuite ajoutez la pâte d'arachide et 2 verres d'eau. Faire mijoter à feu doux durant 1/2 heure en remuant régulièrement.
Ajoutez les morceaux de poulet et laissez mijoter durant 15 minutes.
Ajoutez les oignons émincés après les avoir fait revenir dans l'huile d'arachide.

Accompagnements conseillés : du riz, du gari, des bananes plantains.

Vins conseillés : vin blanc d'Alsace (pinot gris)
vin rouge de Californie ou rosé (Zinfandel) de Californie
Côtes du Rhône
Gigondas.
Pinotage (Afrique du Sud)

RAGOÛT DE FEUILLES D'AMARANTE

L'amarante à un goût plus prononcé que l'épinard. Riche en fer et en vitamine C, c'est un aliment vivement conseillé pour la santé.

Ingrédients pour 4 personnes:

1 kg de bœuf bourguignon
3 oignons
1 sachet de feuille d'amarante (aussi appelé Biteku Teku ou Ndunda)
4 cuillères à soupe d'huile d'olive
Herbes aromatiques
Riz Basmati
Tubercule de manioc
Banane plantains
Crevettes
Gombo
Gari (semoule de manioc)
Sel
Poivre

MÉTHODE:

Faire cuire le bœuf bourguignon avec les herbes aromatiques choisies.
Dès que la viande est tendre, la cuire au four.
Dans l'huile d'olive, cuire les oignons.
Ajoutez la viande, les crevettes, les feuilles d'amarante, le sel et le poivre.
Couvrir et cuire à feu moyen pendant environ 30 minutes.

Accompagnements conseillés : des bananes plantains, du gari (semoule de manioc) et du riz basmati.

GOMBO DE POULET ET CREVETTES ASSORTIS D'UN RIZ BASMATI, DE BANANES PLANTAINS, MANIOC ET GARI

Ingrédients pour 6 personnes:

1 poulet fermier
500 grammes de crevettes
500 grammes de gombos
Ail
Riz basmati
Bananes plantains
Tubercule de manioc
Gari

MÉTHODE:

Rincez les gombos sous l'eau froide, puis les essuyez.
Coupez les extrémités des gombos, puis coupez les gombos en morceaux
Coupez le poulet fermier en morceaux. Réservez.
Décortiquer les crevettes. Réservez.
Hachez l'ail et l'oignon. Réservez.
Faites bouillir les morceaux de poulet fermier dans une marmite remplie d'eau.
Ajouter 2 cubes de bouillon Maggi, l'ail et l'oignon. Salez légèrement, puis laissez cuire à feu vif pendant 20 minutes.
Ajoutez les gombos et les crevettes.
Lorsque la préparation commence à bouillir, réduire à feu doux et remuer régulièrement.

Vins conseillés : Pinot noir d'Alsace, Châteauneuf-du-Pape, Riesling, Zinfandel de Californie.

POULET AUX ARACHIDES

Ingrédients pour 6 personnes:

1 poulet fermier
1 oignon
1 bouteille de Maggi
Sel
2 gousses d'ail
Huile d'olive

MÉTHODE:

Découpez le poulet en morceaux.
Faire cuire les morceaux dans un faitout durant 20 minutes avec de l'huile d'olive. Retournez régulièrement les morceaux pour qu'ils soient bien cuits.
Épluchez et émincez 1 oignon. Versez un peu d'huile d'olive dans une poêle. Faire revenir les oignons.
Épluchez et hachez l'ail.
Mettre 6 cuillères à soupe de pâte d'arachide dans une marmite à feu doux. Bien remuez. Si la sauce devient trop épaisse, ajoutez un peu d'eau. Ajoutez l'oignon et l'ail. Laissez cuire pendant 10 à 15 minutes. Ajoutez un peu de Maggi.
Lorsque le poulet est prêt, ajoutez les morceaux de poulet dans la sauce. Un peu d'huile peut apparaître en surface, c'est que votre sauce est prête à être servie.

Accompagnements conseillés : des nouilles, macaroni, tagliatelles ou un riz basmati.

Vins conseillés : Brouilly, Graves, Sancerre, Listrac Médoc, Saint Emilion.

GARI

Ingrédients pour 6 personnes:

500 gr de gari (farine de manioc)
1 litre d'eau
1 cuillère à soupe d'huile

MÉTHODE:

Bouillir 1 litre d'eau dans 1 casserole. Ajoutez 1 cuillère à soupe d'huile.
Versez progressivement le gari tout en remuant l'eau pour éviter la formation de grumeaux jusqu'à obtenir une pâte.

Le gari peut accompagner tous les plats en sauce.

Viandes

CHOUCROUTE GARNIE AUX CHOUX ROUGES

Ingrédients pour 4 personnes:

1,5 kg de choux rouge
1 palette de porc fumée (kassler)
4 saucisses de Strasbourg
1 cuillère à soupe de sel (soit 15 grammes)
1 oignon
1 kg de pommes de terre
10 tranches fines de poitrine fumée
250 ml de bouillon de volaille
45 grammes de beurre
40 cl de Pinot gris
Lardons

Durée de cuisson : 1 heure

MÉTHODE:

Nettoyez le chou rouge, lavez-le et l'émincez finement.
Émincez l'oignon.
Faites chauffer le beurre dans une casserole, mettez l'oignon et les lardons à cuire 2 à 3 minutes de chaque côté.
Ajoutez le chou rouge, les pommes de terre, le bouillon, palette et poitrine fumée ainsi que le Pinot gris et 1 cuillère à soupe de sel .
Couvrir et laisser cuire à feu doux pendant environ 1 heure.
8 à 10 minutes avant la fin de la cuisson, ajoutez les saucisses de Strasbourg.
Dressez dans un plat le chou rouge et les lardons. Posez dessus les pommes de terre et la garniture.
Servir bien chaud.

Vins Conseillés : Gewurztraminer, Pinot gris d'Alsace, Riesling

PLUMA IBÉRICA (CÔTE DE COCHON IBÉRIQUE)

Ingrédients pour 2 personnes:

2 côtes de cochon ibérique
1 cuillère à soupe d'huile d'olive
Sel et poivre

250 gr de gombos
100 gr de crevettes
30 gr de lardons allumettes fumés
1/2 poivron jaune
1/2 poivron rouge
beurre
sel et poivre

MÉTHODE:

Préparation de la côte de cochon ibérique :

Préchauffez le four à 180 °C
Salez et poivrez les côtes recto et verso.
Versez l'huile d'olive dans un plat allant au four
Cuire au four pendant 25 minutes.

Lavez et coupez les gombos en rondelles.
Beurrez la poêle, puis faites revenir les gombos jusqu'à ce qu'ils soient dorés. Réservez.
Coupez les poivrons en morceaux, salez et poivrez, puis faites-les revenir.
Après les avoir décortiqués, cuire les crevettes dans une poêle durant 3 minutes. Dès qu'elles sont rosées, les retournées. Réservez.
Mélangez les crevettes, les poivrons et les lardons, puis cuire à feu doux pendant 25 minutes.

Accompagnements conseillés : riz basmati

Vins conseillés : Anjou Gamay
Côtes du Rhône
Fitou
Côte de Beaune
Gigondas
Châteauneuf-du-Pape

BŒUF BOURGUIGNON AUX HARICOTS ROUGES FAÇON CHILI CON CARNE

Ingrédients pour 8 personnes:

2 oignons
3 gousses d'ail
huile de maïs
1,5 kg de bœuf bourguignon
3 cuillères à café de chili
3 cuillères à café de cumin
1 cuillères à café d'origan séché
tabasco
50 cl de bouillon de bœuf
1 boite de tomate au naturel
800 gr de haricots rouges
sel

MÉTHODE:

Pelez et hachez les oignons et l'ail et faites les revenir dans l'huile de maïs dans une cocotte durant environ 10 minutes, puis ajoutez les morceaux de bœuf bourguignon et remuez durant 6 minutes.
Ajoutez le chili, le cumin, l'origan, le sel avec quelques gouttes de tabasco. Remuez cela à feu doux.
Ajoutez le bouillon de bœuf, les morceaux de bœuf bourguignon, de poitrines de porcs fumées.
Faites mijoter, à couvert, pendant 1 heure.
Ajoutez les haricots rouges et cuire durant 1 heure supplémentaire à feu doux.
Servir bien chaud.

Accompagnement conseillé : riz basmati

Vins conseillés : Western Cellar (Californie)
Bordeaux Clairet
Côtes de Provence
Médoc

OSSO BUCCO DE VEAU À LA TOMATE FRAÎCHE

Ingrédients pour 6 personnes:

2 oignons
5 tomates
2 gousses d'ail
6 jarrets de veau
de la farine
1/2 cuillère à soupe d'huile d'olive
fond de veau
persil haché

MÉTHODE:

Salez légèrement, poivrez et farinez les morceaux de veau.
Pelez et émincez les oignons.
Pelez et coupez les tomates en petit dès
Dans une cocotte, versez 3 cuillères à soupe d'huile d'olive. Faire chauffer la cocotte et mettre les morceaux de veau.
Retournez-les plusieurs fois jusqu'à ce qu'ils soient bien dorés.
Ajoutez les oignons et faites-les revenir.
Ajouter un peu de vin blanc, puis les tomates et le Maggi.
Mélangez tout cela.
Couvrir et faire cuire au four pendant 90 minutes.
Égouttez les morceaux de veau et disposez-les dans un plat creux.
Ajoutez un hachis de persil et d'ail.

Accompagnements conseillés : pâtes ou riz

Vins conseillés : Cahors, Châteauneuf-du-pape, Gigondas, Côtes-du-Rhône, Aloxe-Corton, Bandol rouge, Buzet.

CANARD À L'ORANGE, LARDONS ET ÉPICES

Ingrédients pour 6 personnes:

1 canard
75 grammes de beurre
1 oignon
5 oranges
Lardons
Épices

MÉTHODE:

Prélever le zeste de 2 oranges, puis les tailler en juliennes.
Plonger les 2 oranges pendant 5 minutes dans de l'eau bouillante, puis les égoutter.
Peler 3 oranges en retirant bien la peau blanche et coupez-les en tranches.
Dans une cocotte, verser 75 grammes de beurre.
Ajouter les épices, puis faire dorer de tous les côtés à feu doux en ajoutant les morceaux de carottes, oignons et lardons.
Arroser le canard avec un peu de Grand Marnier.
Dégraisser la cocotte et verser le fond blanc.
Couvrir la cocotte, réduire le feu et faire mijoter pendant 40 minutes.
Retirer le canard et le garder au chaud.
Presser les jus des oranges et verser dans la cocotte ainsi que le fond blanc.
Bien mélanger et verser quelques cuillères dans un bol. Le servir en saucière. Rectifier si nécessaire.
Dans la casserole de la sauce, ajouter les tranches d'oranges, les retirer du feu, puis les garder au chaud.
Découper le canard en morceaux dans un plat et répartir les tranches d'oranges.

Accompagnements conseillés : riz basmati, purée, carottes, navets grillés au four, endives, nouilles.
Vins conseillés : Côtes du Jura rosé, Côte de Provence rouge, Graves, Gewurztraminer d'Alsace, Banyuls rouge.

LAPIN MARINÉ AU VIN ROUGE ET SAUCISSES

MÉTHODE:

La veille, découpez le lapin en morceaux (si cela n'est pas déjà fait), arrosez de vin rouge. Peler et découper l'oignon. Laissez mariner au frais pendant la nuit.
Dans une cocotte, faire fondre une cuillère à soupe de beurre et faire revenir les lardons allumettes fumées, l'ail émincé et l'oignon. Laissez cuire durant 5 minutes, puis versez dans la cocotte.
Extraire le lapin du vin rouge et égouttez-le. Enduisez-le de beurre de tous les côtés, saupoudrez modérément de sel et poivre puis mettez dans la cocotte avec les lardons, l'oignon, l'ail, les morceaux de carottes et de saucisses viennoises.
Versez 3 cuillères à soupe de farine sur le lapin. Arrosez avec le vin de la marinade. Bien remuer et laisser cuire à feu doux durant 1 heure 30.

Accompagnement conseillé : un plat de nouilles

Vins conseillés : Côtes de Beaune, Gigondas, Cahors, Bourgueil

Ingrédients pour 4 personnes:

Lapin découpé
1 bouteille de vin rouge
1 gousse d'ail
1 oignon
1 carotte coupé en morceaux
250 grammes de lardons allumettes fumés
3 cuillères à soupe de farine
beurre
sel
poivre
2 Saucisses viennoises coupées en rondelles

GIGOT D'AGNEAU PERSILLÉ FAIT MAISON ACCOMPAGNÉ DE CŒUR D'ARTICHAUT ET CŒUR DE PALMIER

Ingrédients pour 4 personnes:

1 gigot de 1,8 kg environ
2 gousses d'ail
50 gr de beurre
sel
poivre
persil
Lardons allumettes fumés
cœur d'artichaut
cœur de palmier

Accompagnements conseillés : flageolets, frites, tomates grillées.

Vins conseillés : Gigondas, Pauillac, Fitou, Côtes de Bourg, Minervois, Saumur rouge, Savigny-lès-Beaune.

MÉTHODE:

Faites chauffer le four à 220 °C. Pelez les 2 gousses d'ail. Passez 1 ail et le persil au mixeur. Réservez. Coupez le 2ème ail en éclats et piquez le gigot à l'aide d'un couteau pointu.
Enduisez le gigot de beurre sur toutes les faces.
Mettre le gigot au four et laissez cuire durant 20 min, puis réduisez à 175 °C et laissez cuire 60 min supplémentaire.
Une fois le gigot cuit, le sortir du four et le parsemer du mélange l'ail/persil mixé.
Mettre le gigot dans une grande assiette.
Pour la sauce du gigot d'agneau, versez 300 ml d'eau dans le plat de cuisson du gigot.
Avec une cuillère en bois, raclé pour détacher tous les sucs de cuisson.
Mettre ce jus dans une casserole avec tous les lardons et aromatiques utilisés.
Faire bouillir à feu doux pendant 5 minutes, puis filtrer pour enlever les morceaux et verser dans une saucière.
Servir bien chaud, accompagné de cœur artichaut, de cœur de palmier, carottes, pomme de terre et choux de Bruxelles.

PINTADE AUX CHOUX DE BRUXELLES

Ingrédients pour 4 personnes:

1 pintade
800 grammes de choux de Bruxelles
300 grammes de carottes
Persil et ail
200 grammes de lardons allumettes fumés
50 grammes de beurre
Sel
Muscade

MÉTHODE:

Demander au boucher de nettoyer la pintade.
Laver le persil et l'ail, puis les passer au mixeur.
Dans une cocotte, verser 2 cuillères à soupe de beurre.
Placez la pintade dans la cocotte, puis ajoutez les lardons allumettes fumés, les carottes. Saupoudrez de sel et de noix de muscade.
Cuire durant 1 heure 30.

Pour la cuisson des choux de Bruxelles :

Bien nettoyer les choux de Bruxelles à l'eau froide.
Dans une casserole d'eau bouillante salée, les cuire durant 20 minutes. Puis les égoutter.
Répartir dans un grand plat la pintade, les choux de Bruxelles et les carottes.
Saupoudrez avec le mélange de persil et d'ail.

Vins conseillés : Brouilly, Bergerac, Graves, Pinot Noir, Saint-Emilion, Côtes-du-Rhône, Bourgueil

CHAPON AUX MORILLES, AU CHAMPAGNE ET RAVIOLES

Ingrédients pour 4 personnes:

Pour le chapon aux morilles et champagne:

1 Chapon
250 gr de morilles
1 oignon
25 cl de champagne
10 cl de bouillon de volaille
30 gr de farine soit 2 cuillères à soupe
25 gr de beurre
sel

Pour les ravioles:

1 tomate
50 gr de feuilles d'épinards frais
200 gr de Tartare (ou Rondelé)
poivre et fines herbes
25 gr de beurre
10 cl de crème fraîche
125 gr de parmesan râpé
2 œufs

Vins Conseillés : Beaune, Chassagne-Montrachet.

MÉTHODE:

Pour le chapon aux morilles et champagne:

A feu doux, déposez le beurre dans une cocotte et faire dorer votre chapon sur toutes les faces durant quelques minutes. Lavez les morilles. Réservez.

Émincez les oignons et faites les revenir.

Ajoutez la farine, le bouillon de volaille, les oignons, le champagne et remuez.

Toujours à feu doux, couvrir la cocotte et laisser cuire 25 minutes.

Ajoutez les morilles et laissez cuire 2 h 30 de plus à 150 °C.

Pour les ravioles:

Pliez les feuilles d'épinards en 2 et arrachez fermement la tige du milieu. Lavez les feuilles d'épinards, épongez-les, puis hachez-les finement.

Dans un plat, mélanger le fromage, la farine, les 2 œufs avec l'épinard haché et la tomate.

Façonnez des boulettes avec cette farce et plongez-les dans l'eau bouillante salée durant 10 minutes.

Préchauffez le four à 180 °C. Beurrer le plat et disposer les boulettes. Versez le mélange lait crème fraîche sur le tout. Parsemez de parmesan râpé et laissez gratiner 15 minutes au four.

Servir les ravioles bien chaudes.

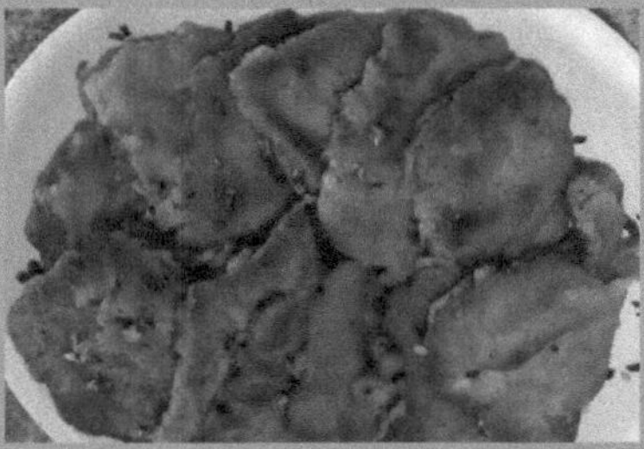

ESCALOPE DE VEAU PANÉE ET GRATIN DE BROCOLI À LA BÉCHAMEL

Ingrédients pour 4 personnes:

Pour les escalopes panées:

4 escalopes de veau
75 grammes de farine
2 œufs
75 grammes de chapelure
100 grammes de beurre
1 citron, sel, poivre

Pour le gratin de brocolis à la sauce béchamel :

1 kg de brocolis
0,5 litre de lait
25 cl de crème fraîche liquide
120 gr de gruyère râpé
1 œuf
40 gr de farine
40 gr de beurre
sel, poivre

Vins conseillés: Anjou Gamay, Morgon, Médoc, Volnay

MÉTHODE:

Pour les escalopes panées:
Sortir les escalopes de veau 30 minutes avant de les préparer.
À l'aide d'un rouleau à pâtisserie, aplatir les escalopes de veau afin d'obtenir des escalopes d'environ 3 mm d'épaisseur.
Préparer 3 assiettes : 1 pour la chapelure, 1 pour les œufs et 1 pour la farine. Salez et poivrez légèrement les escalopes.
Cassez les œufs dans une assiette creuse et battez-les avec une fourchette.
Passez les escalopes dans la farine et secouez-les pour faire tomber le surplus de farine. Plongez-les entièrement dans les œufs battus, puis recouvrez-les de chapelure.
À feu moyen, versez le beurre dans la poêle. Lorsque le beurre est devenu liquide et qu'il a recouvert toute la surface de la poêle, posez les escalopes.
Après 3 minutes, retournez les escalopes et laissez cuire 3 minutes supplémentaires jusqu'à ce qu'elles soient bien dorées.
Accompagnez de rondelles de citrons et servir immédiatement.

Pour le gratin de brocolis à la sauce béchamel :
Préchauffez le four à 200 °C. Lavez et coupez le brocoli en fleurette, puis le cuire durant 10 minutes dans une casserole d'eau bouillante salée.
Dans une autre casserole, fondre le beurre, ajoutez la farine en fouettant énergiquement. Retirer la casserole du feu, ajoutez le lait en continuant de fouetter, puis remettre la casserole sur le feu jusqu'à ce que la sauce béchamel s'épaississe.
Retirer du feu, puis ajoutez la crème fraîche, l'œuf, 75 g de gruyère râpé, le sel et le poivre. Beurrez le moule à gratin, puis répartir les brocolis et la sauce béchamel par-dessus.
Saupoudrez du reste de gruyère râpé.
Mettre au four pendant environ 25 minutes et servir chaud.

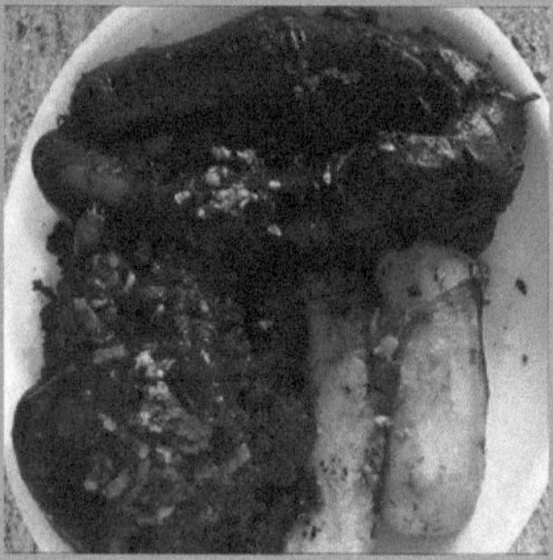

BOUDIN NOIR ET BLANC, PURÉE AUX POMMES, SAUCE CRÉMEUSE

Ingrédients pour 4 personnes:

1 kg de pomme de terre
huile d'olive
2 boudins blancs
2 boudins noirs
50 cl de lait
120 gr de beurre
Noix de muscade
2 pommes
1 verre de muscat
20 cl de crème fraîche épaisse
1 échalote
sel

Vins conseillés : Beaujolais, Riesling d'Alsace, Coteaux du Layon, Fronsac, Côtes du Rhône-Villages, Rosé de Loire

MÉTHODE:

Pour la purée :
Rincez les pommes de terre à l'eau froide, puis les cuire dans l'eau bouillante légèrement salée.
Pelez les pommes de terre et passez-les au moulin.
Mélangez la purée avec le lait bouillant.
Ajoutez le beurre, le sel, la noix de muscade et remuez avec la cuillère en bois.
Versez la purée dans un plat et faites-la servir chaud.

Pour la cuisson des boudins et des pommes :
Pelez les pommes et coupez-les en tranches.
Chauffez 50 gr de beurre dans une poêle, puis mettre les tranches de pomme et retournez-les régulièrement, jusqu'à ce qu'elles soient bien dorées.
Dans une autre poêle, faites fondre les 50 gr de beurre, puis cuire les boudins en les retournant constamment (bien surveiller que le boyau n'éclate pas).
Servir bien chaud.

Pour la sauce crémeuse :
Épluchez l'échalote et hachez-la finement.
Dans une sauteuse, faire fondre 20 gr de beurre, puis faire revenir l'échalote à feu doux pendant 5 minutes. Salez légèrement et versez le muscat.
Laissez cuire 2 à 3 minutes supplémentaires, puis ajoutez 20 cl de crème fraîche et quelques gouttes de concentré de tomates et remuez.

POT AU FEU

Ingrédients pour 4 personnes:

1,5 kg de jarret de bœuf
2 os à moelle
4 carottes
4 poireaux
4 navets
3 cuillères à soupe de sel
vermicelle
gruyère râpé
1 ail
1 oignon
poivre

MÉTHODE:

Lavez et épluchez les légumes. Coupez les extrémités des poireaux. Réservez.
Pelez l'oignon et l'ail, puis écrasez l'ail. Réservez.
Dans une marmite, versez 3 litres d'eau froide, puis mettre le jarret de bœuf. Portez à ébullition 10 minutes, puis laissez mijoter le jarret durant 3 heures. Ajoutez l'oignon, l'ail
et le poivre.
Écumez et laissez mijoter 2 heures supplémentaires à découvert.
Pelez et nettoyez les carottes et les navets.
Nettoyez les blancs de poireaux et coupez-les.
Ajoutez les poireaux, navets et carottes et laissez cuire 1 heure supplémentaire.
Égouttez les viandes et disposez-les dans un plat avec les légumes et les os à moelle.
Filtrez le bouillon.
Servir bien chaud. Servir le bouillon en premier.
Ajoutez vermicelle et gruyère râpé.

Vins conseillés : Beaujolais, Chinon, Crozes-Hermitage, Gigondas.

RAVIOLE RICOTTA-ÉPINARDS

Ingrédients pour 6 personnes:

300 grammes de farine
3 œufs
250 grammes d'épinards
150 grammes de ricotta
50 grammes de parmesan
3 cuillères à café d'huile d'olive
sel

MÉTHODE:

Dans un saladier, mettre la farine, puis ajouter les œufs et pétrir jusqu'à obtenir une pâte. Laissez reposer 1/2 heure.
Dans une poêle, versez un peu d'huile d'olive et faites revenir les épinards pendant 5 minutes, puis hachez-les finement.
Dans un bol, mélanger la ricotta, les épinards hachés, 20 grammes de parmesan et un peu de sel.
Coupez la pâte en 2 puis les étalez finement à l'aide d'un rouleau à pâtisserie.
Déposez sur la pâte des morceaux de farce, puis recouvrir à l'aide d'une deuxième feuille de pâte.
A l'aide d'une roulette à pâte, coupez entre les cuillerées de farce. Pressez les bordures des ravioles pour qu'elles soient bien fermées.
Versez de l'eau salée dans une casserole, lorsque l'eau arrive à l'ébullition, cuire les ravioles durant 5 minutes.
Saupoudrez de parmesan et servez.

Vins conseillés : Chinon blanc, Muscadet blanc, Bourgogne Aligoté, Côte de Blaye

BROCHETTES DE DINDE MARINÉE AU THYM

Ingrédients pour 8 personnes:

800 gr de filet de dinde
4 cuillères à soupe d'huile d'olive
thym
laurier
1 poivron jaune
1 poivron rouge
tomates cerises
poivre
sel

MÉTHODE:

Coupez la dinde en morceaux
Mélangez 4 cuillères à soupe d'huile d'olive avec 2 cuillères à soupe de thym, le laurier, sel et le poivre.
Faites mariner les morceaux de dinde dans ce mélange pendant quelques heures.
Lavez les poivrons, puis faites-les blanchir dans l'eau bouillante durant 5 minutes.
Égouttez les poivrons, puis coupez-les en morceaux.
Enfilez les morceaux de dinde, poivrons, tomates cerises, puis faites les griller 10 minutes environ en les retournant régulièrement.

Accompagnement conseillé : riz aux légumes

Vins Conseillés : Bergerac, Côtes de Beaune, Côtes de Provence rosé, Vin de Corse, Costières de Nîmes

COUSCOUS À ÉPAULE D'AGNEAU ET LÉGUMES DU JARDIN

MÉTHODE:

Verser la semoule dans un couscoussier et passer sous l'eau froide.
Égoutter légèrement et laisser le gonfler pendant 1/4 d'heure.
Prenez la semoule entre vos mains et roulez-la avec les paumes de la main en versant dans le couscoussier.
La partie inférieure du couscoussier doit être remplie à moitié d'eau bouillante.
Cuire les graines de couscous durant 20 minutes, puis les verser dans un grand plat creux.
Cuire l'épaule d'agneau au four pendant 1 heure à 220 °C.
Cuire le chou rouge, le chou blanc et les pommes de terre durant ce temps.
Ajouter 2 cuillères à soupe d'huile d'olive et un peu de sel.
Laissez gonfler durant 1/4 d'heure.
Mettre les raisins secs et le maïs dans une casserole.
Versez l'eau et portez à ébullition durant 5 minutes.
Ajouter les raisins secs et le maïs à la semoule.
Verser un peu d'huile d'olive.
Remettre tout cela dans la partie haute du couscoussier et faire cuire à la vapeur pendant 10 minutes.
Servir dans un grand plat creux.

Ingrédients pour 6 personnes:

1 kilogramme de graine de couscous moyen
1 épaule d'agneau
2 oignons
1 gousse d'ail
1/2 chou rouge
1/2 chou blanc
Pomme de terre
1 petite boite de maïs
10 cl d'huile d'olive
100 grammes de beurre
raisins secs
Sel

Poissons

BAR AUX CREVETTES ET POIVRONS

Ingrédients pour 4 personnes:

1 bar entier
1 poivron vert
1 poivron rouge
1 poivron jaune
500 gr de crevettes
1 oignon
2 gousses d'ail

MÉTHODE:

Demandez à votre poissonnier de laver et nettoyer le bar.
Lavez les poivrons puis séchez-les.
Étalez les poivrons sur un plat allant au four à 200 °C recouvert d'une feuille de papier sulfurisé.
Mettre le bar dans un plat allant au four, puis recouvrir ce plat de papier aluminium. Enfourner ce plat pendant 35 minutes à 200 °C.
Coupez les antennes et les pattes des crevettes, puis rincez à l'eau froide.
Griller les crevettes.
Disposez le bar, les crevettes et les poivrons dans une grande assiette.

Accompagnements conseillés : légumes, riz basmati.

Vins conseillés : Entre-deux-Mers, Saumur, Pouilly-Fuissé, Pinot Gris.

COLIN D'ALASKA ENROBÉ D'UNE SAUCE CRÉMEUSE À L'OSEILLE

Ingrédients pour 2 personnes:

2 colins d'Alaska
oseille
poireau émincé
bouillon de bœuf
beurre
farine
crème fraîche épaisse
chapelure

Accompagnements conseillés : tagliatelles, riz basmati, pomme de terre.

Vins conseillés : Riesling, Arbois, Bergerac blanc, Chablis, Gaillac.

MÉTHODE:

Pour faire la sauce crémeuse à l'oseille :

Rincez et égouttez les feuilles d'oseille, puis les hachez.
Faites bouillir un peu d'oseille hachée dans un peu d'eau salée.
Ajoutez un peu de beurre, puis de la chapelure ou des biscottes émiettées jusqu'à obtenir une sauce bien onctueuse.
Faire revenir le poireau dans 15 grammes de beurre, puis ajoutez l'oseille et laissez cuire environ 5 minutes.
Ajoutez le bouillon de bœuf et laissez cuire encore 15 minutes supplémentaires, puis tamisez votre sauce.
À feu doux pendant quelques minutes, faire fondre le reste de beurre et ajoutez-y la farine.
Mélangez cela avec l'oseille précédemment préparée, bien remuer et laissez cuire approximativement 5 minutes.
Ajoutez 2 cuillères à soupe de crème fraîche épaisse, puis bien remuer.

Pour cuire le colin d'Alaska :

Rincez le filet de colin d'Alaska à l'eau fraîche.
Faire bouillir l'eau avec 2 cubes de bouillon poisson.
Laissez cuire 8 à 10 minutes, puis égouttez le colin.

DAURADE ROYALE, TRANCHES D'ESPADONS, SAUCE À LA CRÈME

Ingrédients pour 2 personnes:

1 daurade royale de 800 gr
3 pommes de terre
2 tranches d'espadons
1 citron
3 brins de thym
huile d'olive
2 feuilles de lauriers
3 jaunes d'œufs
moutarde en poudre
125 ml de beurre fondu

Accompagnements conseillés : pomme de terre, riz basmati.

Vins conseillés : Pacherenc du Vic-Bilh, Côtes de Montravel, Bandol blanc, Chablis.

MÉTHODE:

Pour la daurade :

Demandez à votre poissonnier de vider et nettoyer votre daurade.
Versez un peu d'huile d'olive dans un plat à four et posez la dorade.
Couvrez avec les feuilles de laurier et le thym.
Cuire au four à 180 °C pendant 50 minutes.

Pour les tranches d'espadons :

Passez l'espadon sous l'eau, puis l'essuyer.
Étaler l'huile d'olive des 2 côtés de la tranche d'espadon.
Réglez votre plaque de cuisson à 180 °C, puis poêler les tranches d'espadons durant 4 minutes par face.

Pour la sauce à la crème :
Dans un bol, fouetter 3 jaunes d'œufs jusqu'à une consistance mousseuse. Incorporer 15 ml de jus de citron, une pincée de moutarde en poudre et le sel tout en continuant de fouetter.
Mettre le bol au-dessus d'une casserole contenant 3 cm d'eau. Chauffer, tout en fouettant jusqu'à ce que la préparation aux œufs prenne du volume, puis retirer du feu. Continuer de fouetter et ajouter lentement le beurre fondu jusqu'à ce que la sauce s'épaississe et soit onctueuse.
Servir bien chaud.

MULET ET ROUGETS AU FOUR

Ingrédients pour 4 personnes:

4 mulets
2 citrons
persil
ail
Feuille de laurier
branche de thym
sel
poivre
2 branches d'épinards
huile d'olive

Accompagnements conseillés : riz basmati, bâton de manioc

Vins conseillés : Entre-deux-Mers (blanc), Clairette du Languedoc (blanc), Muscadet de Sèvre et Maine (blanc).

MÉTHODE:

Demander à vôtre poissonnier d'écailler et vider les mulets et rougets.
Dans une poêle, déposez vôtre mulet, arrosez d'huile d'olive et d'un jus de citron. A feu doux, griller pendant 10 minutes chaque côté du mulet, puis disposez vôtre mulet dans le plat à four.
Faites de même avec les rougets dans la poêle, puis disposez-les dans le plat à four à côté du mulet.
Dans le plat à four, arrosez les poissons avec le jus de cuisson. Ajoutez la feuille de laurier et la branche de thym, puis salez et poivrez. Cuire pendant 1 heure à 175°C.
Sortir les poissons du four et les disposer sur un plat.
Mettre la sauce de la cuisson et les branches d'épinards dans un bol.
Servir aussitôt.

DAURADE ROYALE, NOIX DE SAINT-JACQUES, POIREAUX ET CREVETTES

Ingrédients pour 4 personnes:

1 dorade entière
1 cuillère à soupe de jus de citron
2 cuillères à soupe d'huile d'olive
4 blancs de poireaux
sel et poivre
1 échalote
250 gr de crevette
60 gr de farine
beurre
10 cl de vin blanc
40 cl de bouillon de légumes
10 gr de crème fraîche épaisse

Accompagnements conseillés:
pomme de terre, riz basmati

Vins conseillés : Meursault blanc, Puligny, Montrachet blanc, Haute Côtes de nuit blanc, Tavel Rosé

MÉTHODE:

Pour les noix de St Jacques et crevettes :
Dans une casserole, faites fondre le beurre et l'échalote épluchée et ciselée pendant 2 minutes. Ajoutez la farine. Mélangez, puis versez le vin et le bouillon petit à petit. A feu moyen, laissez frémir.
Décortiquer les crevettes. Coupez-les en deux. Ajoutez à la sauce la crème fraîche et les noix de St Jacques. Mettre au four pendant 15 minutes.

Pour le blanc de poireaux :
Ébouillanter les poireaux durant 5 minutes, puis les égoutter. Saupoudrez d'un peu de sel et de poivre puis disposez-les dans un plat à four.

Pour la daurade :
Placez la dorade entière dans un plat à four graissé. Couvrez-les avec les blancs de poireaux, les crevettes et la St Jacques. Ajoutez 2 cuillères à soupe d'huile d'olive, 1 cuillère à soupe de jus de citron et un peu de sel. Faites cuire dans un four préchauffé à 190°C pendant 45 minutes environ.

COQUILLES SAINT-JACQUES

Ingrédients pour 4 personnes:

8 noix de Saint-Jacques
200 gr de champignon de Paris
2 oignons
3 cuillères à soupe de chapelure
2 cuillères à soupe de parmesan râpé
4 brin de persil
30 cl de vin blanc sec
175 gr de beurre
15 cl de fumet de poisson
1/2 cuillère à soupe de farine
jus de citron
sel et poivre

Peut être servi en entrée

Vins conseillés : Muscadet de Sèvre et Maine (blanc), Pineau des Charentes (blanc), Savigny les Beaune (blanc), Pouilly-Fuissé (blanc)

MÉTHODE:

Demandez à vôtre poissonnier d'ouvrir les coquilles Saint-Jacques.
Pour la sauce, dans une casserole à feu doux, fondre le beurre, ajoutez la farine, mélangez, puis ajoutez le fumet de poisson. Tout en continuant à mélanger, ajoutez le sel et le poivre. Écumez régulièrement.
Ajoutez du jus de citron.
Rincez les coquilles Saint-Jacques. Nettoyez-les. Réservez.
Pelez 1 oignon, puis émincez-le.
Déposez l'oignon émincé, les noix de Saint-Jacques, le vin blanc sec, le sel et le poivre dans une casserole. Laissez cuire à feu doux pendant 5 min. Egouttez les noix avec un écumoire, puis les coupez en 2 en épaisseur.
Lavez les champignons, essuyez-les et hachez-les finement. Dans une casserole, faites fondre 50 gr de beurre et faites revenir l'oignon pendant 5 min. Ajoutez les champignons et faites-les revenir pendant 4 mn. Ensuite, ajoutez votre sauce, les noix de Saint-Jacques et assaisonnez si nécessaire.
Il ne vous reste plus qu'à répartir la préparation dans les 4 coquilles, puis versez le parmesan râpé, la chapelure et le reste du beurre. Mettre dans le four, préalablement chauffé à 200°C pendant 5 mn. Décorer avec la feuille de persil et servir immédiatement.

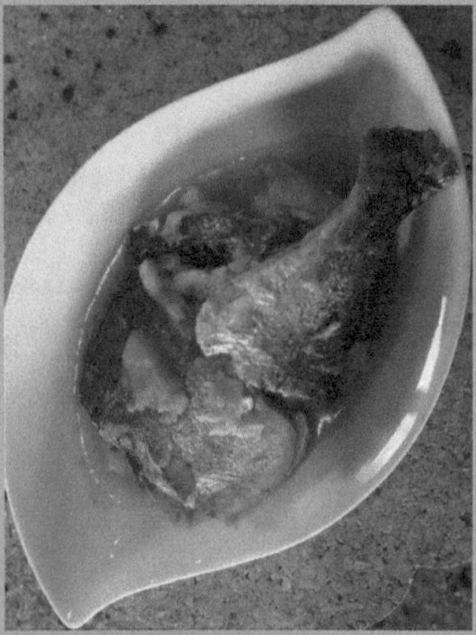

DAURADE AUX POMMES

Ingrédients pour 2 personnes:

1 daurade royale (demander au poissonnier de le nettoyer)
3 pommes
20 cl de pinot gris
2 cuillères à soupe de crème fraîche épaisse
beurre
huile d'olive
Aneth

Accompagnements conseillés : Riz basmati, riz aux légumes, gari

Vins conseillés : Bandol blanc, Chablis

MÉTHODE:

Lavez les pommes, puis les épluchez et coupez-les en tranches.
Mettre un peu de beurre dans la poêle, versez les tranches, avec 20 cl de pinot gris, puis cuire à feu doux durant un quart d'heure.
Rincez le poisson, puis essuyez-le dans de l'essuie-tout.
Lorsque les pommes sont cuites, ajoutez la crème fraîche, réduisez le feu et mélangez.
Dans une autre poêle, versez un peu d'huile d'olive.
Déposer la daurade, couvrir la poêle et laisser cuire 5 minutes.
Versez la daurade et les pommes dans les assiettes et parsemez d'aneth.

GRATINS

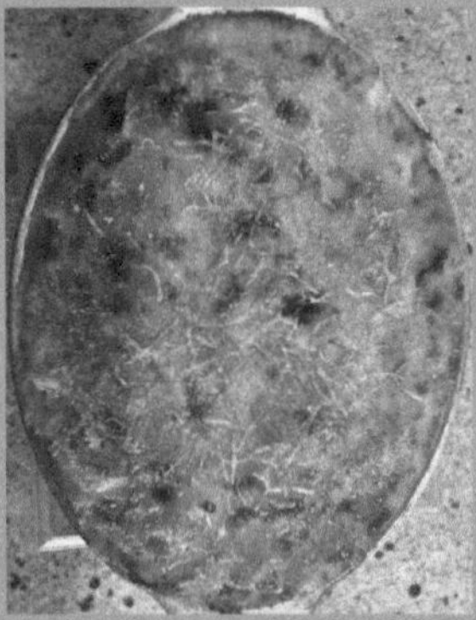

GRATIN DE MACARONIS, NOUILLES,VERMICELLES ET POMME DE TERRE

Ingrédients pour 6 personnes:

150 grammes de macaronis
150 grammes de nouilles
100 grammes de vermicelles
250 grammes de pomme de terre
150 grammes de lardons
9 cuillères à soupes de crème fraîche
250 grammes de lardons
Gruyère râpé
Sel
75 grammes de beurre

Cette recette peut être faite avec les restes de la veille

Préparation 25 minutes
Cuisson : 30 minutes

Vins conseillés : Beaujolais Village, Côtes-du-Rhône, Beaujolais nouveau

MÉTHODE:

Faites cuire les macaronis, nouilles et vermicelles dans 4 litres d'eau bouillante pendant 15 minutes.
Ajoutez-y 1 cuillère à soupe d'huile d'olive et un peu de sel.
Versez les pâtes dans 1 casserole.
Ajoutez-y la crème fraîche, ainsi que le poivre et la muscade.
Remuer à feu doux durant quelques minutes.
Rajoutez aux pâtes la moitié de gruyère râpé et mélangez.
Retirez les pâtes du feu.
Beurrez le plat à gratin et versez les pâtes avec la crème.
Placez les pommes de terre coupées en rondelles sur toute la surface du plat à gratin.
Versez le reste de gruyère.
Cuire pendant 25 minutes à 220 °C
Servir chaud.

GRATIN DE COLIN D'ALASKA AUX POMMES DE TERRE

Ingrédients pour 6 personnes:

8 portions de colin d'Alaska
12 pommes de terre coupée en fines tranches
30 cl de crème fraîche
2 litres d'eau
3 cubes de bouillon de poisson
120 grammes de gruyère râpé
Sel

Vins conseillés : Pinot gris, Muscat, Côtes de Blaye, Touraine blanc

MÉTHODE:

Bouillir l'eau avec 2 cubes de bouillon de poisson.
Mettre le colin d'Alaska dans l'eau et laisser cuire 10 à 12 minutes.
Dans un plat à gratin, disposer 2 couches de pommes de terre préalablement coupées en fines tranches.
Ajouter un peu de sel.
Ajouter le colin d'Alaska par-dessus.
Ajouter 2 couches de pommes de terre et un peu de sel.
Versez la crème fraîche sur les pommes de terre, puis le gruyère.
Cuire au four à 180 °C pendant 45 minutes.

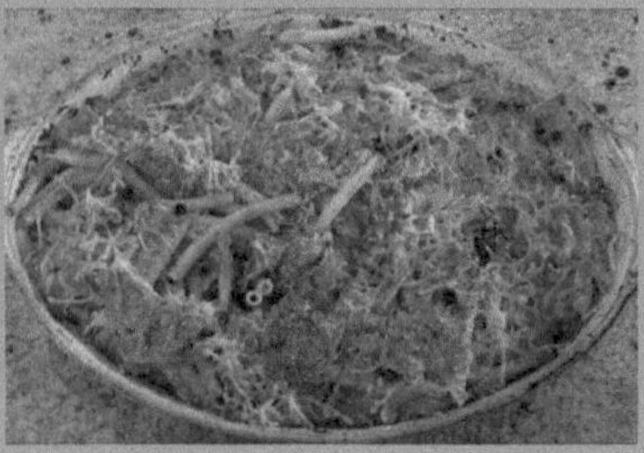

GRATIN DE CŒUR DE PALMIERS AUX MACARONIS

Ingrédients pour 6 personnes:

600 gr de cœur de palmiers
200 gr de macaronis
1,5 cuillère à soupe de maïzena
1 cuillère à soupe de curry
80 gr de gouda
40 cl de crème fraîche

MÉTHODE:

Préchauffez le four à 200 °C
Beurrez votre plat à gratin, puis étalez les cœurs de palmiers coupés en rondelles. Recouvrir avec les macaronis.
Mélangez la maïzena avec un peu d'eau, puis avec la crème fraîche et le curry. Ajoutez-y un peu de sel et de poivre.
Versez le mélange sur le plat, parsemez de gouda râpé.
Cuire au four durant 20 minutes à 200 °C.
Servir bien chaud.

Accompagnements conseillés : Longes de porc, grignotes de poulet.

Vins conseillés : Côte de Provence rosé, Costières de Nîmes, Coteaux du Languedoc rouge, Lirac rouge.

GRATIN DE POMME DE TERRE ENROBÉ D'ÉPINARDS EN BRANCHES

Ingrédients pour 6 personnes:

1 kilogrammes de pomme de terre
500 grammes d'épinards frais
1 oignon et demi
60 grammes de beurre
1 gousse d'ail
300 grammes de gruyère râpé
Sel
50 cl de crème fraîche

Accompagnement conseillé : Côte de porc.

Vins conseillés : Vin de Savoie rouge, vin de pays de l'Ardèche, Saint-Chinian rosé, Beaujolais-Villages,Crozes-Hermitage.

MÉTHODE:

Laver les pommes de terre, puis les cuire et les couper en rondelles.
Laver les épinards, puis les cuire dans l'eau bouillante pendant 15 minutes et les égoutter.
Peler et hacher finement l'ail et les oignons, puis les cuire dans le beurre.
Ajouter les épinards et cuire tout cela.
Ajouter un zeste de sel.
Beurrer le plat, puis disposer par alternance une couche de pomme de terre, une couche d'épinards, une couche de gruyère râpé.
Verser la crème fraîche et le gruyère restant.
Déposer quelques noisettes de beurre et mettre au four pendant 25 minutes à 200 °C.
Servir chaud.

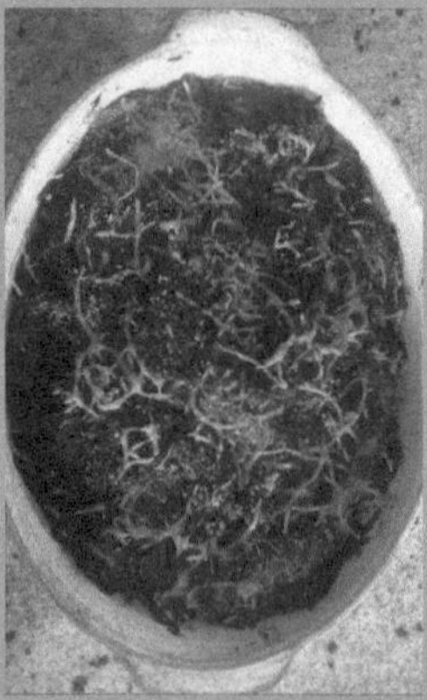

GRATIN D'ÉPINARDS

Ingrédients pour 4 personnes:

1,5 kg d'épinards équeutés (sans tiges) et hachés
4 cuillères à soupe d'huile d'olives
4 cuillères à soupe de chapelure
Sel et poivre

MÉTHODE:

Préchauffez le plat à 180°C
Enduire le plat à gratin d'une cuillerée à soupe d'huile d'olive.
Étalez les épinards sur toute la surface du plat, puis salez et poivrez.
Saupoudrez la chapelure et arrosez le plat de 3 cuillères à soupe d'huile d'olive.
Faites cuire au four à 200°C pendant 45 minutes.
Servir bien chaud.

Accompagnements conseillés : saumon, colin, œufs, divers viandes.

Vins conseillés : Beaujolais, Bourgueil, Chinon, Volnay.

Hors-d'œuvre, pâtes, sauces

ŒUFS DURS AUX ÉPINARDS ET GALETTES DE POMMES DE TERRE

Ingrédients pour 4 personnes:

6 œufs
75 grammes de beurre
20 grammes de farine
30 cl de lait
1 kg d'épinards
lardons allumettes fumés
1 jaune d'œuf
1 gousse d'ail
noix de muscade
sel

Accompagnements conseillés : faux-filet ou côtes de porc

Vins conseillés : Anjou rouge, Beaujolais, Bourgueil, Mercurey, Volnay

MÉTHODE:

Cuire les œufs durant 8 minutes dans l'eau bouillante. Laissez-les refroidir. Réservez.
Pour la sauce, fondre 25 grammes de beurre dans une casserole. Ajoutez la farine, puis mélangez tout en laissant cuire à feu doux pendant 2 à 3 minutes. Versez le lait et remuez, 2 minutes supplémentaires. Retirez la casserole du feu, puis le jaune d'œuf, le sel, la noix de muscade et mélangez. Réservez.
Pliez les feuilles d'épinards en 2 et arrachez la tige du milieu, puis lavez-les et égouttez-les. Dans un faitout, versez 25 cl d'eau chaude, salez, et mettre les feuilles d'épinards. Laissez cuire pendant 5 minutes tout en remuant. Égouttez les épinards, puis laissez refroidir.
Faire fondre 50 grammes de beurre dans une casserole. Versez l'ail haché, les lardons allumettes et les épinards, cuire durant 8 minutes et mélangez. Réservez.
Dans une grande assiette, versez les épinards, puis répartir les œufs et les galettes de pommes de terre.

NOUILLES PÉKINOISES AUX LÉGUMES ET BROCHETTES DE POULET PANÉES

Ingrédients pour 4 personnes:

Pour les nouilles pékinoises aux légumes :
1 wok
1 carotte
1 oignon
1 morceau de blanc de poireau
1 sachet de nouilles chinoises fraîches
8 cuillères à soupe de sauce soja
4 cuillères à soupe sauce aigre-douce
huile
sel
poivre

Pour les brochettes de poulet panées:
4 aiguillettes de poulets
1 œuf
chapelure
parmesan râpé
sauce soja sucrée

Vins conseillés : Bugey, Beaujolais, Anjou Gamay

MÉTHODE:

Pour les nouilles pékinoises aux légumes :
Épluchez la carotte et l'oignon, puis coupez-les en fines lamelles. Hachez le blanc de poireau et l'ail.
Mettre les nouilles dans une casserole d'eau bouillante, puis une fois cuit, égouttez-les.
Versez l'huile dans votre wok et faites-le chauffer à feu vif.
Une fois chaud, ajoutez la carotte, le blanc de poireau et l'oignon.
Salez, poivrez et cuire pendant 5 minutes, puis ajoutez les nouilles et laissez cuire 3 minutes de plus.
Réservez.
Mélangez l'ail haché à la sauce soja et à la sauce aigre-douce, puis versez ce mélange sur les pâtes. Ajoutez un peu d'eau et laissez cuire 3 minutes.
Servir bien chaud.

Pour les brochettes de poulet panées :
Dans une assiette creuse, battre l'œuf avec un peu de sauce soja sucrée.
Mélanger dans une autre assiette creuse la chapelure avec le parmesan râpé.
Enfiler chaque aiguillettes sur un pique à brochette.
Tremper chaque brochette dans l'œuf, puis dans la panure.
Dans une poêle, verser un peu d'huile et cuire les brochettes jusqu'à ce qu'elles soient dorées.
Servir bien chaud.

QUENELLE DE POMME DE TERRE À LA BAVAROISE (KNÖDEL)

Ingrédients pour 4 personnes:

250 gr de purée
1 kg de pomme de terre
325 gr de farine
250 ml de lait
Des croûtons
1 œuf
Beurre
Sel
Noix de muscade
Menthe hachée

Conseil : une sauce à base de fond de rôti ou de fond de veau convient aux quenelles de pomme de terre.

Accompagnements conseillés : un pavé de veau, une escalope viennoise (Wiener Schnitzel), une salade.

Vins conseillés : Bergerac blanc, Riesling, Pinot gris, Saumur blanc.

MÉTHODE:

Épluchez les pommes de terre, puis les râper. Déposez-les dans un bol et versez dessus le lait bouillant. Les égoutter et les mettre dans un saladier. Mélangez les pommes de terre avec la purée, la farine, le jaune d'œuf et 20 grammes de beurre. Après cela, ajoutez le sel, le poivre, la noix de muscade et la menthe hachée. Puis laissez refroidir le mélange. Confectionner des boulettes d'environ 5 centimètres de diamètre en introduisant un croûton au centre de chaque boulette. Humecter régulièrement les mains avec de l'eau froide pour obtenir des quenellesbien lisses(les quenelles peuvent-être parsemées de persil ou ciboulette à la place de la menthe).
Dans une grande marmite, porter à ébullition un grand volume d'eau. Ensuite, plonger les quenelles de pommes de terre dans l'eau bouillante et les cuire pendant 20 minutes.

SAUCE TOMATE AUX POIVRONS

Ingrédients pour 4 personnes:

1 oignon pelé et haché finement
1/2 poivron vert et 1/2 poivron rouge coupé en morceaux
1 gousse d'ail
1 kg de tomates pelées et coupés en morceaux
2 cuillères à soupe de concentré de tomates
1 cuillère à soupe d'origan, basilic et persil finement hachée
1 cuillère à soupe de vinaigre balsamique.
Sel
Poivre
huile d'olive

MÉTHODE:

Versez de l'huile d'olive dans une poêle, puis épluchez l'oignon et émincez-le finement.
Ajoutez les poivrons et le concentré de tomates, puis faites-les revenir pendant environ 5 minutes. Ajoutez les morceaux de tomates, puis laissez mijoter durant 30 minutes.
Ajoutez du basilic, de l'origan et du persil haché finement. Goûtez la sauce, et si nécessaire rectifiez l'assaisonnement.
Votre sauce est prête. Servir bien chaud.

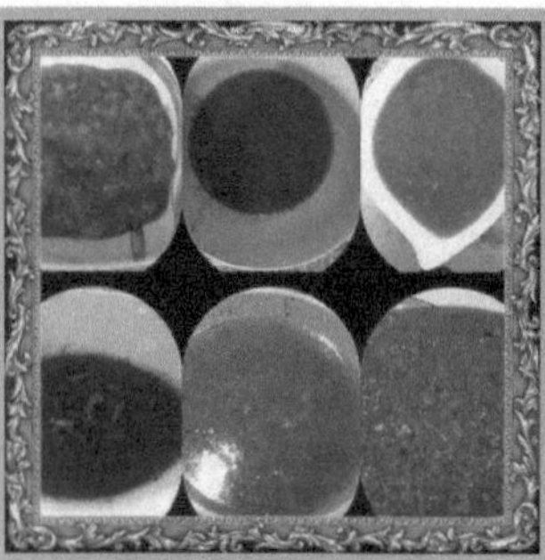

Les sauces

Sauce vinaigrette à la moutarde :

Dans un saladier, versez 50 g de vinaigre de cidre. Ajoutez un peu de sel et de poivre, puis mélangez cela à l'aide d'un fouet. Tout en continuant de battre, ajoutez 50 gr de moutarde, puis 20 cl d'huile d'olive jusqu'à obtenir un mélange homogène.

Sauce mayonnaise :

Pour 50 cl de sauce mayonnaise, mettre 3 jaunes d'œufs dans un bol, poivrez et mélangez. Ajoutez 1 cuillère à soupe de jus de citron et mélangez. Ensuite ajoutez l'huile petit à petit. Si la sauce est trop épaisse, ajoutez du jus de citron.

Sauce moutarde à la crème :

Pour 20 cl, dans un bol mélangez 3 cuillères à soupe de moutarde avec le sel, le poivre et 1 cuillère à soupe de jus de citron. Montez comme pour une mayonnaise, mais en remplaçant l'huile par une crème fraîche épaisse.

Sauce aux pommes :

Ingrédients : 3 pommes pelées émincées, 6 amandes, 1 orange, 1 oignon haché, 1 tranche de pain grillée et trempée dans du vinaigre blanc.

Mettre les pommes dans une casserole avec les amandes, le zeste d'orange râpé, le pain et les oignons. Poivrez. Mouillez avec le vin et le vinaigre, puis cuire pendant 15 mn. Passez la sauce au chinois, puis la servir bien chaude.

Accompagnements conseillés : rôti de porc, oie

Sauce aux crevettes :

Ingrédients : crème fraîche, 1 citron, 150 gr de crevettes, poivre, aneth, 2 oignon, 20 cl de crème fraîche

Versez un peu d'huile dans une casserole et faites revenir les crevettes.
Ajoutez les oignons, faites les revenir, puis ajoutez le poivre, l'aneth et un zeste de jus de citron.
Ajouter la crème fraîche et éteindre le feu avant que cela ne bout.
Idéal pour un plat de riz basmati

SALADE D'ÉTÉ

Ingrédients pour 4 personnes:

1/2 boule de céleri rave
4 œufs durs
1 boule de betterave
4 tomates
Carottes
Mayonnaise
Vinaigre de cidre
Tranches de saumon
1 citron
Moutarde de Dijon
Huile d'olive

MÉTHODE:

Cuire les œufs durs. Réservez.
Râpez les carottes. Réservez.
Coupez les betteraves crues en cubes. Réservez.
Tranchez les tomates en rondelles. Réservez.
Pour le céleri, après l'avoir râpé, mélangez-le avec le jus de citron, un soupçon de sel et de poivre. Battez la crème avec la moutarde. Versez cette sauce sur le céleri et remuez. Couvrir et mettre au réfrigérateur.
Sortir les œufs de leurs coquilles, puis les couper en 2.
Disposez dans une grande assiette les tranches de saumon, les betteraves, les tomates, les carottes râpées, les céleris et œufs. Ajoutez-y un soupçon de mayonnaise allégée.

Accompagnements conseillés : Poulet fumé, Chipolatas, Riz Mina, Chou persillé, pomme de terre.

Vins conseillés : Zinfandel de Californie, Gewurztraminer .

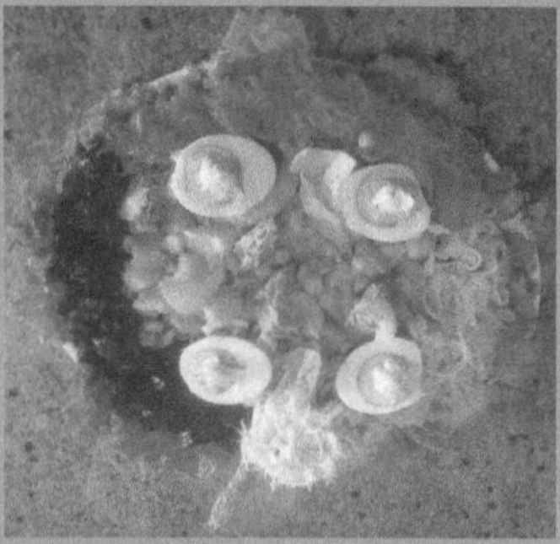

HORS-D'ŒUVRE

MÉTHODE:

Ingrédients pour 4 personnes:

200 gr de céleri
2 œufs
mayonnaise
1 mangue râpé
200 gr de carotte râpé
200 gr de betterave
quelques feuille de laitue ou batavia
quelques grains de maïs
1 boite de thon au naturel
huile
moutarde
sel

Pour la vinaigrette, mettre 2 pincées de sel dans un bol. Ajoutez 2 cuillères à soupe de vinaigre de cidre, 1 cuillère à café de moutarde et 4 cuillères à soupe d'huile. Mélangez énergiquement.
Peler les carottes, les laver, les essuyer, puis râper la partie rouge des carottes. Assaisonner avec vôtre vinaigrette.
Saupoudrer la julienne de céleri-rave de sel et laisser dégorger 30 minutes. Ensuite lavez-là, essuyez-là avec de l'essuie-tout. 1 heure avant de servir, versez votre vinaigrette.
Coupez votre mangue en morceaux, puis râpez ces derniers en fines lamelles.
Cuire 2 œufs, puis retirer les coquilles et coupez-les en 2.
Dans un plat, disposez vos feuilles de salade ; puis après les avoir assaisonnées, disposé les betterave, céleri, carottes râpées, mangue râpée. Ajoutez les morceaux de thon au naturel, les œufs et quelques grains de maïs.

Accompagnement conseillé : poulet rôti.

Vin conseillé : Tavel, Zinfandel rosé de Californie, Côte de Provence rosé.

DESSERTS

KOUGELHOPF

Ingrédients :

500 gr de farine
75 gr de sucre
du sucre glace
10 gr de levure
2 œufs
raisins secs
Kirsch (eau de vie)
20 cl de lait
100 gr de beurre
5 g de sel

Vins conseillés : crémant d'Alsace, Gewurztraminer

MÉTHODE:

Mariner vos raisins dans le kirsch.

Concevoir le levain avec 10 cl de lait, 100 gr de farine et 10 gr de levure. Laissez reposez 30 min dans un endroit tiède (environ 25°C)

Pour préparer la pâte, mélanger la farine, le sel, les œufs, le sucre et les 10 cl de lait restant. Bien mélanger la pâte durant 1 quart d'heure en soulevant la pâte, puis ajoutez le beurre ramolli et le levain.

Battre le mélange pendant encore 10 minutes. Puis mettre à reposer dans un endroit tiède (25°C), couvert d'un torchon durant 1 heure. Rompre et casser la pâte, puis ajouter les raisins.
Beurrer vôtre moule à kougelhopf et déposer au niveau des cannelures les amandes. Vous pouvez maintenant verser la pâte.
Laisser à nouveau reposer la pâte dans son moule 1 heure supplémentaire (la pâte va à nouveau se lever), puis cuire au four pendant 45 minutes à 175°C.
Une fois cuit, le sortir du four, le démouler, puis saupoudrer avec le sucre glace.

ÉCLAIR À LA NOIX DE COCO

Ingrédients :

Préparation de la pâte à choux
pour 10 éclairs:
100 gr de beurre
4 œufs
150 gr de farine
25 gr de sucre en poudre
14 cl d'eau
12 cl de lait
1 pincée de sel

P**réparation de la crème coco** :

100 gr de chocolat blanc
40 gr de crème coco
45 gr de crème fraîche
25 gr de noix de coco en poudre
25 gr de beurre
1 gr d'arôme coco

Pour le dressage, il vous faut 100 gr de glaçage blanc et 100 gr de noix de coco en poudre.

MÉTHODE:

Préparation de la pâte à choux :
Préchauffez le four à 180°C. Dans une casserole, mélangez le lait, le beurre et le sucre en poudre. Cuire à feu doux jusqu'à ébullition tout en remuant avec la cuillère pour que le beurre fonde complètement. Retirez la casserole du feu et ajoutez la farine en 1 seule fois. Mélangez vigoureusement pour qu'il n'y ait pas de grumeaux.
Lorsque la pâte se décolle des parois et forme une boule, remettre la casserole sur feu doux pour dessécher la pâte pendant 2 minutes en remuant. Hors du feu, ajoutez et mélangez les œufs 1 par 1. Travaillez la pâte jusqu'à ce qu'elle soit lisse. Mettre la pâte dans une poche à douille et former des éclairs d'environ 12 cm de long sur une plaque recouverte de papier sulfurisé. Déposez les éclairs dans le four et cuire pendant 30 minutes. Laissez refroidir.

Préparation de la crème coco :
Fondre le chocolat blanc au four à micro-ondes. Portez à ébullition la crème fraîche et la crème coco, puis mélangez au chocolat blanc et ajoutez la noix de coco. Mélangez tout cela afin d'obtenir une crème homogène. Lorsque la température du mélange commence à baisser, ajoutez le beurre coupé en morceaux et mélangez pour le faire fondre. Laissez refroidir, au frais, pendant 1 heure au moins.

Pour le dressage:
Remplir la poche à douille et farcir les éclairs avec vôtre crème coco.
Fondre le glaçage et tremper le dessus des éclairs dedans puis recouvrir de noix de coco en poudre immédiatement.
Gardez au frais jusqu'au moment de la dégustation.

Gâteau de Savoie

Ingrédients :

190 gr de farine
60 grammes de Maïzena
250 grammes de beurre allégé
250 grammes de sucre
4 œufs
1 sachet de levure chimique
1 sachet de sucre vanillé

Le gâteau de Savoie est un gâteau léger, moelleux qui n'est pas gras.

MÉTHODE:

Utiliser 2 saladiers, 1 pour les jaunes d'œufs, le sucre, la vanille ; l'autre pour le blanc d'œuf.
Préchauffez le four à 180 °C.
Séparez les blancs d'œufs des jaunes d'œufs.
Fouettez les jaunes d'œufs avec le sucre jusqu'à obtenir un mélange à la fois blanc et crémeux.

Versez la farine, la maïzena ainsi que la levure chimique et le sucre vanillé dessus.
Mélangez les contenus des 2 saladiers avec délicatesse.
Battez les blancs d'œufs en neige fermement.
Mélangez les 2 saladiers
Laissez reposer la préparation 1/4 d'heure.
Pendant ce temps, beurrez le moule, puis farinez légèrement pour éviter que cela coule aux parois.
Versez la préparation dans le moule.
Mettre au four et faire cuire durant 40 minutes.
Piquer le gâteau avec un couteau, si la lame ressort propre, la cuisson est terminée. Sinon continuer la cuisson
Démoulez le gâteau et laissez refroidir.
Lorsqu'il est froid, versez le sucre glace.

Cake aux légumes

Ingrédients :

250 gr de farine
3 œufs
1 sachet de levure chimique
5 cl d'huile de colza
150 gr de gruyère
60 gr d'olives noires dénoyautées
100 gr de tomates cerises
100 gr de poivrons rouges et jaunes
pincée de sel
50 gr de chou blanc
50 gr de concombre

MÉTHODE:

Coupez le gruyère en petits morceaux. Réservez.
Coupez les olives en rondelles. Réservez.
Hachez les poivrons, le chou blanc et le concombre. Réservez.
Dans un saladier, versez la farine, le sel et la levure
On bat les jaunes, puis on le verse dans un saladier, on ajoute le vin blanc et l'huile d'olive. Mélangez jusqu'à obtenir une pâte homogène.
Préchauffez le four à 180 °C.
Versez le gruyère, les olives et les poivrons dans la pâte. Mélangez. Versez les tomates cerises à la fin. Mélangez.
Beurrez le moule, puis enduisez légèrement de farine le moule pour que le cake ne colle pas après la cuisson.
Cuire à 180 °C pendant environ 50 minutes. Utiliser du papier cuisson et avec la pointe du couteau, vérifier régulièrement l'état de la cuisson.

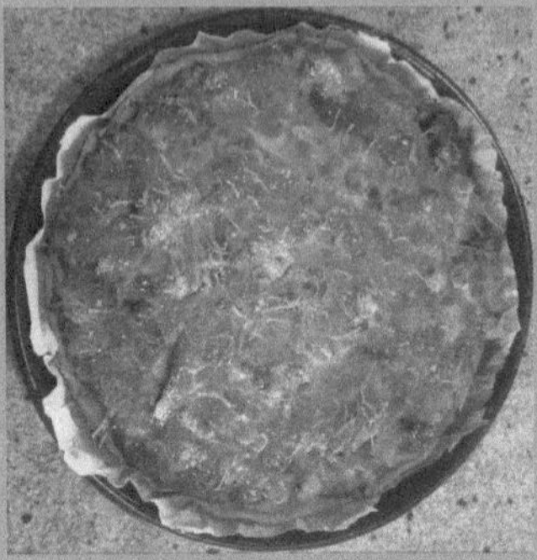

Tarte au thon, saumon et champignons

Ingrédients (pour 6 personnes) :

300 gr de pavé de saumon
400 gr de thon en miette
300 gr de pâte brisée
150 gr de champignon de Paris
Ciboulette
2 œufs
25 cl de crème fraîche
50 gr de margarine
sel et poivre

Vins conseillés : Sancerre, Riesling d'Alsace, Entre Deux Mers, Gaillac blanc, Ventoux blanc

MÉTHODE:

Préchauffez le four à 200 °C et pendant ce temps-là, beurrez le moule à tarte, étalez la pâte brisée, piquez le fond avec une fourchette. Lavez et émincez vos champignons, hachez la ciboulette finement. Égouttez le thon en miettes.
Dans une poêle, à feu doux, faire fondre le beurre, puis ajoutez les champignons.
Sur la pâte brisée, disposez le saumon coupé en dés, le thon en miette et les champignons.
Dans un bol, battez les œufs. Mélangez la crème fraîche et la ciboulette hachée. Versez ce mélange sur la pâte brisée et cuire au four durant 1/2 heure.
Saupoudrez de gruyère râpé.

Cake moelleux aux pommes et raisins secs

Ingrédients pour 8 personnes :

2 pommes
3 œufs
170 grammes de sucre
180 grammes de farine
120 grammes de beurre
1/2 sachet de levure chimique
1 sachet de sucre vanillé
Rhum

Préparation : 20 minutes

Cuisson : 45 minutes

MÉTHODE:

Préchauffez le four à 180 °C.
Épluchez et coupez les pommes.
Battre les œufs avec un fouet.
Ajoutez petit à petit le sucre. Le mélange doit être onctueux.
Ajoutez les œufs.
Versez la farine d'un seul coup.
Ajouter une cuillère à soupe de rhum.
Ajoutez les morceaux de pommes, les raisins et la levure chimique.
Mélangez tous les ingrédients.
Beurrez le plat.
Versez la pâte dans le plat.
Faire cuire à 180 °C pendant 45 minutes.
Couvrir avec une feuille de papier sulfurisé.
À la sortie du four, démoulez le cake et laissez refroidir.

Bonnes adresses

Angers

Rivages exotiques
17 rue Baudrière
49000 Angers
02 41 24 73 20

Nouvelle Asie
26 Boulevard
Carnot
49100 Angers
02 44 01 43 58

Asia Market
283, Avenue Pasteur
49100 Angers
02 53 20 67 13

Annecy

Afro Market épicerie fine
2, rue Alphonse Métral
74000 Annecy
04 50 57 41 32

Besançon

Aux délices d'Asie
126, rue de Dole
25000 Besançon

Le Réunionnais
22, rue Pasteur
25000 Besançon
03 39 73 10 21

Bordeaux

Joy Exotique
9, rue Elie Gintrac
33000 Bordeaux
05 57 96 86 78

Alimentation Afrique Asie
44, Place des capucins
33000 Bordeaux
05 57 59 10 79

Brest

Awalé exotique
83, rue de la porte
29200 Brest
02 98 37 30 67

Racines exotiques
40, avenue de Provence
29200 Brest
02 21 09 36 12

Clermont Ferrand

Produits exotiques Maison Gaucher
30, rue du Cheval Blanc
63000 Clermont Ferrand
04 73 37 47 05

N.ELY Exotic
10, Avenue Léon Blum
63000 Clermont Ferrand
06 68 81 55 55

Dijon

Au coeur de L'Afrique
5 Bis Avenue Jean Jaurès
21000 Dijon
09 50 26 38 63

Grenoble

Africa 38
2 rue Champollion
38000 Grenoble
09 52 63 19 33

Boutique Alpes Exotique
15 Avenue général Champon
38100 Grenoble
04 76 85 39 04

Lille

Alimentation
Label Qualité Exotique
97 Rue Pierre Legrand
59800 Lille
07 53 12 89 22

Délices Exotiques
171 Rue Pierre Legrand
59000 Lille
03 66 73 25 31

Limoges

Plaisirs Exotiques
10 Boulevard Bel Air
87000 Limoges
06 28 09 77 94

Exotiques 87
56 Avenue de la
Libération
87000 Limoges
09 86 18 67 76

Lyon

Aza Exotique
4 Rue Louis Dansard
69007 Lyon
04 78 69 13 67

L'Éden exotique
100 grand rue de la guilotière
69007 Lyon
09 83 28 82 17

Siva Afro-Indian Market
103 Avenue Francis de
Pressensé
69200 Vénissieux
04 78 75 06 68

Marseille

TAM-KY
5 rue Halle Delacroix
13001 Marseille
04 91 54 00 86

Exotic Market
1 Cr Franklin Roosevelt
13001 Marseille
06 67 12 74 64

Metz

Canaan Exotic
8 Boulevard d'Alsace
57070 Metz
06 26 70 70 23

Montpellier

Ô Sandaga
16 Rue de la Méditerranée
34000 Montpellier
09 87 00 27 82

Mulhouse

Asiafro
72 Rue Franklin
68200 Mulhouse
03 89 59 52 03

Hiep Thanh
44 Rue du Fil
68200 Mulhouse
03 89 59 45 75

Nancy

Maxi Bazar
49 rue Saint Nicolas
54000 Nancy
03 83 37 95 77

Les saveurs du monde
47 rue Saint Nicolas
54000 Nancy
03 83 32 20 76

Nantes

Mvogmbi et nulle part ailleurs
1 rue de Mazagran
44100 Nantes
09 80 86 74 57

Nice

Asiana Supermarché
56 Boulevard Risso
06300 Nice
04 93 26 42 07

African Market Nice
37 route de Turin
06300 Nice
04 93 26 22 55

Le Makiti
143 Avenue de la Californie
06300 Nice
04 97 07 95 79

Paris

Afrique Market
160 Boulevard Ney
75018 Paris
01 42 58 57 08

Gomon exotique
73 rue Doudeauville
75018 Paris
01 42 64 66 53

Bamakoise
Alimentation
exotique
69 rue d'Avron
75020 Paris
01 43 48 36 04

Jenebou Alimentation
22, rue de lourmel
75015 Paris
06 95 09 81 51

Merveilles d'Afrique
4 Rue de Suez
75018 Paris
01 42 51 07 66

Imperial exo
263 Boulevard Jean Jaures
92100 Boulogne-Billancourt
01 46 21 96 14

Reims

Center Market
90 rue de Cernay
51100 Reims
07 53 60 98 54

Rennes

Rivages exotiques
47 Mail François Mitterand
35000 Rennes
02 99 33 72 43

M'Bom Exotique
1 bis rue d'Armagnac
35000 Rennes
07 73 09 15 28

Strasbourg

Africain exotique Mary
17 Boulevard de Lyon
67000 Strasbourg
03 90 20 05 30

Planète Exotic
32 Route du Général de Gaulle
67300 Schiltigheim
07 60 39 06 55

Toulouse

La Linguere
5 rue du Faubourg Bonnefoy
31200 Toulouse
06 19 99 31 67

C'Exotica
151 Avenue du Muret
31300 Toulouse
06 50 34 68 29

Tours

Afrika Shop
10 rue Toulouse Lautrec
37000 Tours
07 82 66 51 35

Rivages exotiques
31 rue Chalmel
37000 Tours
02 47 64 89 99

MINA, LIEU SITUÉ SUR LA RIVE GAUCHE DE L'ESTUAIRE (GABON); JADIS DANS LA CRIQUE IWENGUÉ-NYAMA. LES PORTUGUAIS FIRENT DES RECHERCHES MINIÈRES, D'OR ET DE BOIS. UN LIEU REMPLI DE RICHESSES.

- **50 recettes de cuisine gabonaise et autres. Poulet au Nyembwé, queue de bœuf à l'odika, Saka Saka, kougelhopf, cake aux légumes,...**
- **Des sommaires thématiques.**

FSC
www.fsc.org
MIX
Papier | Fördert gute Waldnutzung
FSC® C083411

Kolibri 360 GmbH
Ferdinand-Jühlke-Straße 7
99095 Erfurt, Deutschland
produktsicherheit@kolibri360.de

Druck:
CPI Druckdienstleistungen GmbH
im Auftrag der
Kolibri 360 GmbH
Ferdinand-Jühlke-Str. 7
99095 Erfurt